歡歡馬麻教你
做小孩最愛的
50道點心料理

歡歡仙子 郭仁阿 ——— 著　譚妮如 ——— 譯

推薦序

ㄚ曼達，你做料理的初衷是什麼？

　　這個問題很多人問我，其實答案很簡單，真的是單純有了家庭之後，把對家人的愛，轉換成料理，讓家人可以享用到充滿愛的餐點，最終的目的是希望為這個家的成員留下很多美食回憶，然後就把食譜陸續刊登在部落格，一開始圖文真的是慘不忍睹，看得出來我是新手中的新手，不過也只是想分享一下料理的心情與過程，漸漸地改變再改變，發展成現在的樣子。

　　這一點，我跟歡歡仙子很像，而且都無心插柳柳成蔭，但我跟歡歡仙子比起來，真的是小巫見大巫呀！知道她有 2000 多道食譜，擁有 3000 多萬筆的瀏覽量，心裡由衷地感到欽佩！一個母親做給家人的料理，沒想到也可以造成如此大的迴響，這一點，歡歡仙子應該也沒想像過吧！

　　我很鼓勵大家入廚房，廚房裡總有很多有趣的新鮮事，做不好沒關係，沒做過怎麼會進步，相信很多大家喜歡的部落客、料理老師，他們也是這樣走過來的，沒有人天生就會，所以希望大家拋棄對廚房、對料理的藉口，走入廚房，去創造屬於自己的美味關係！

　　走一遭歡歡仙子的部落格，你會發現她是一個平凡的媽咪，廚房也不大，很難想像她可以在這裡創造出那麼多的料理，大家常羨慕有大廚房的主婦，但我真心覺得，只要用心，每個廚房都可以施予料理奇妙魔法，就像歡歡仙子一樣，魔法棒輕輕一點，美味料理就上桌囉！

　　當出版社與我接洽合作此書時，心裡滿是歡喜，原來這個世界上有很多跟我一樣的人，我也希望藉由這個工作，讓自己可以更了解韓食文化，然後從中得到更多的料理靈感，果然歡歡仙子的食譜既有創意，且簡單有趣，常常讓我有「原來如此」的領悟，相信購買此書的您也會有一樣的感覺！

　　這本書中除了歡歡仙子的食譜外，另外也附錄了我的八篇食譜，希望可以跟歡歡仙子相互應，也希望各位可以學到更多的料理，讓料理無國界，美味無界限！

知名料理部落客　ㄚ曼達

推薦序

　　專家研究：十歲以前的美食記憶，會影響孩子一輩子對美食追求的堅持。正在發育成長的孩子，卻老是被番茄醬與速食餵養，動輒就到巷口購買手搖杯飲品，甚至拒喝無色無味的白開水，年紀輕輕就被三高（高血糖、高血壓、高血脂）纏身，沒有健康的身體，即使成就再高都是枉然啊！毒物專家林杰樑教授年紀輕輕就開啟洗腎人生，在人生最精華的時候撒手人寰，不只是家人極大的遺憾，更是台灣家庭們最大的損失。

　　台灣地方小，人口密集，從世界各地傳遞過來的美食文化，與台灣在地小吃文化，幾乎攻佔了家家戶戶最重要的團聚時刻。母親節的時候，外出用餐慶祝；生日、升遷、考試拿高分，多數人都選擇到餐館打牙祭，大快朵頤一番，卻忽略了外食用餐，不知不覺攝取過高鹽分，以及過油過膩的高醣飲食。

　　還記得嗎？那記憶中，媽媽好手藝的味道，無人可取代的美好。如果每個重要時刻，都在大餐館中度過，媽媽手藝逐漸淡化到成為不被記得的配角，更遑論日後要面對外食影響胃口，更影響了身體健康的事實。

　　歡歡仙子不特別利用高價食材與鍋具，強調居家點心自己做，從鹹點到甜點都細細拆解，融入異國元素更是能轉換製作料理的心情，也讓孩子們揚起笑容。看著孩子們大口吃媽媽親手製作的點心料理，吃下了健康，也深刻記憶了媽媽的好味道。

　　外出用餐無法要求餐館進行健康料理，不如退而求其次，減少外食，但提高居家料理層次，充實媽媽牌點心的豐富度也拉高變化性，加上巧思居家佈置餐桌，更重要的是邀請家人孩子們一起參與料理製作，分配工作也能增加全家團聚的趣味，培養共同話題更促進親子情感交流，填飽肚子的同時，也填滿心靈能量。尤其是青春期孩子的心思難以捉摸，透過一同料理創作更能增進彼此理解與互相包容，把媽媽料理創作變成遊戲，也變成親子溝通橋樑，甚至像 Choyce 家，已經逐漸將廚房交接給孩子們，讓孩子們負責製作全家人的餐點，當他們被賦予責任，更能獲得被重視與被需要的成就感。

　　這是一本母親對孩子滿滿愛的付出，加上愛情當調味，以溫暖的家庭餐桌為背景，共譜一曲美食交響曲，簡單明瞭的圖解，加上ㄚ曼達的延伸提點，家可以變成最有溫度的小餐館，更是最美好與最堅強的支撐，無可取代也千金不換，堅定而溫柔的愛，讓孩子更茁壯。

知名親子育兒部落客　Choyce

作者序

　　我是個三十五歲的平凡家庭主婦，有一個今年剛上小學的女兒。一直以來非常感謝上天給與我料理的天賦，才讓我有了出書的機會。雖然本書已是第四本著作了，但仍然覺得既緊張又興奮，雖然出書前的交稿壓力很大，但當看到辛苦完成的稿件出版成書時，就會覺得很有成就感，也非常感動。

　　因為我經營的是料理部落格，因而常有不少人很好奇我原本的工作是什麼。事實上，我是工科畢業的，婚前也從事理工相關產業的工作，但因工作過於忙碌，健康出了狀況，於是開始注重健康並轉換跑道，現在就當 SOHO 族囉！

　　成為 SOHO 族後，時間變多了，於是開始做料理，為當時還是男朋友的丈夫做料理。第一次做出來的料理只能用淒慘兩個字來形容，連狗都拒絕吃吧！於是下定決心認真學做料理。最初娘家的人也都拒絕吃我做的菜，唯獨只有先生會毫不猶豫地吃下去。如今回想當時情形，先生說：「沒辦法啊，沒人願意當白老鼠，只好我來犧牲。不過若再重來一次，我可能做不到！」所以偶爾也會對先生感到很抱歉，害他吃下無數怪異的菜餚。因為我們全家人比較喜歡在家用餐，同時也提供我提升烹調實力的機會，愈煮也就愈得心應手了。

　　這本書我想寫給像我一樣不會做料理的人，希望有天他們也能感受到烹調實力提升的成就感，以及做料理的過程是多麼令人喜悅。這本書要分享只要利用家裡垂手可得的食材，就能輕鬆做出美味料理的秘訣，並且想要告訴各位做料理真的是很愉快的一件事。

　　不要因為不會做，就不嘗試而直接放棄。只要帶著愉快、幸福、期待等心情，就能做出美味的料理。若帶著厭煩、嫌惡等負面情緒而隨便亂做，這種心情也將會反映在料理上，而使料理難以下嚥。哼著歌、帶著誠意來切食材、烹煮食物，才會做出很好吃的料理。每當聽到吃著我做的菜的先生和孩子說：「哇～好好吃哦！」瞬間就會感到很幸福呢！

　　我已經出版過三本書了，這是第四本了，真心感謝在出書前，與我同甘共苦的先生、女兒藝恩、媽媽、婆婆等。祈禱我的書可以一直流傳給我所愛的人，也感謝讓我能擁有做料理的天賦，愉快地為我所愛的人做料理，每天每天都感到很幸福。

歡歡仙子　郭仁阿

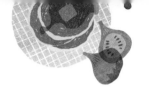

Contents

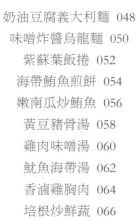

#Bar rice cake

年糕串燒

食材

年糕 3 條、吐司 3 片、寡糖 1 大匙、麵包粉適量、雞蛋 1 顆

醬汁

辣椒醬 2 大匙、番茄醬 1 大匙、醬油 1 大匙、寡糖 1 大匙、梅子露 1 大匙、水 1 ～ 2 大匙

作法

1. 在容器中，加入所有醬汁食材攪拌均勻後，再放入微波爐中加熱 1 分鐘左右。
2. 將年糕燙煮一下，並用桿麵棍將吐司桿平。
3. 在年糕上淋上果糖，再用刷子將果糖均勻塗抹在年糕上。
4. 在吐司上放入步驟 3 的年糕後，將吐司捲成圓柱狀。
5. 先將步驟 4 的年糕吐司依序沾上蛋液、麵包粉後，再放進淋上油的平底鍋中煎至呈金黃色。
6. 用刷子沾步驟 1 完成的醬汁並均勻塗抹在步驟 5 的年糕外皮即可。

歡歡仙子的烹調小叮嚀

1. 煎煮年糕串燒時，需將吐司接縫處朝下放入平底鍋中，吐司才不會鬆開。
2. 需將年糕切成和吐司一樣長，製作出來的串燒外觀才會漂亮。
3. 準備好 1 湯匙調整鹹淡味道的熱水。味道太鹹時，可以再增加 1 湯匙的量。
4. 若不喜歡吐司的邊，可事先切除。切除的吐司邊緣可以另外製成美味的烤麵包。
5. 可以用果糖或麥芽糖漿代替寡糖。

ㄚ曼達這樣做

孩子們如果無法接受辣椒醬的話，我們也可以仿乾燒明蝦的醬汁來做搭配，材料：蒜末 1 小匙、番茄醬 2 大匙、豆瓣醬 1 小匙、糖少許、水 2 大匙。熱鍋後加沙拉油，爆香蒜末後，將所有調味料下鍋拌勻煮開即可，再撒上少許蔥花，也別有一番風味呢！

#Doenjang
#Stir-fried Rice Cake

味噌奶油炒年糕

食材

年糕 1 人份（約 15 條）、鮮奶油 150 毫升、牛奶 200 毫升、味噌醬 1 大匙、
寡糖 1 大匙、洋蔥 1/2 顆、小黃瓜 1 大匙

作法

1. 在平底鍋中，淋上 1 大匙食用油，加入用水清洗過的年糕，以小火煎至熟，取出備用。
2. 在容器中，加入味噌醬和果糖攪拌均勻。
3. 洋蔥切絲，放入平底鍋拌炒。
4. 在步驟 3 中，加入鮮奶油和牛奶烹煮至滾沸，再加入步驟 2 的味噌醬。
5. 在步驟 4 中，加入煎好的年糕，續煮一段時間，即可上桌。

歡歡仙子的烹調小叮嚀

1. 每個人自製的味噌醬鹹度不一，用量可以依個人喜好酌量增減。
2. 在這道料理中，可以另外再加入花椰菜、紅蘿蔔、蘆筍等蔬菜。
3. 用剩的年糕，也可以做成年糕串燒或宮廷年糕等。

ㄚ曼達這樣做

市售味噌口味眾多，是不是難以選擇？但這樣的創意ㄚ曼達非常喜歡，跳脫只能做泡菜年糕的概念，如果把步驟 2 捨去，改加適當的鹽巴調味，起鍋後，撒上披薩起司，用烤箱烘烤，也是一樣會讓人食指大動呢！

#Tofu
#Sausage

recipe
#3

豆腐熱狗

1

2

3

4

食材

豆腐 1 塊、綠豆澱粉 1~2 大匙、熱狗 5 條、麵粉適量、麵包粉少許、食用油少許

調味料

鹽 1 小把、胡椒粉少許、麻油 1 小匙

作法

1. 在容器中,將瀝乾水份的豆腐搗碎,再加入調味料和綠豆澱粉攪拌均勻。
2. 熱狗用熱水燙煮過後取出。
3. 在步驟 2 的熱狗外側裹上步驟 1 的豆腐麵糊。
4. 將步驟 3 的熱狗均勻裹上麵包粉備用。在平底鍋中,淋上食用油,放入均勻裹上麵包粉的熱狗煎至熟。

歡歡仙子的烹調小叮嚀

1. 可以沾芥末醬和番茄醬吃。
2. 用桿麵棍將吐司桿平後,在吐司上放入熱狗,捲成吐司熱狗捲,就可以完成一道美味的點心。
3. 也可以用黑輪代替熱狗,製作成「吐司黑輪捲」。

丫曼達這樣做

綠豆澱粉與綠豆粉不同,一般在食品材料行或是南北貨商行可以買到,但因為使用時機不多,所以也變得不好購買,丫曼達建議大家也可使用太白粉代替喔!

#Pasta brick
#String cheese

起司春捲條

食材

起司條 5 條、春捲皮 5 片

作法

1. 在切成菱形的春捲皮上,放入起司條。
2. 將春捲皮往上捲至中央位置時,在左右兩側角沾上少許的水,並往內側凹摺,再續捲成圓柱狀。
3. 在平底鍋中,淋上食用油,加入步驟 2 的春捲條煎至雙面皆呈金黃色。

歡歡仙子的烹調小叮嚀

在平底鍋中,需將春捲皮的接縫處向下擺放,才不會鬆開。

進階料理

在春捲皮上均勻塗抹水,再灑上用 1 大匙糖、1 小匙肉桂粉、1 小匙酒攪拌均勻的液體,最後捲成圓柱狀,就完成美味的肉桂春捲棒。

丫曼達這樣做

潤捲皮可以用餛飩皮代替,將起司條包成一小條的非常可愛,這道料理不只可以用煎的,還可以油炸,醬汁部分更是可以多變化,搭配莎莎醬是不錯的選擇!

莎莎醬材料:番茄 1 顆、洋蔥半個、蒜頭 1 瓣、辣椒 1 根、香菜適量、檸檬汁半個、糖 1 小匙。將所有材料切丁後,拌入檸檬汁與砂糖即可。

#Rice cake
#Sausage

韓式香腸年糕

食材

蠶繭形年糕兩把（160 克）、維也納香腸 100 公克

醬汁

醬油 1 大匙、水 2 大匙、麥芽糖漿 2 大匙

作法

1. 在平底鍋中，加入蠶繭形年糕以小火煎至呈金黃色。
2. 維也納香腸先用刀子切割後，再用熱水稍微燙一下。
3. 在容器中，加入製作醬汁的所有食材攪拌均勻。

歡歡仙子的烹調小叮嚀

1 若希望甜一點的味道，可以再多加 1/2 大匙的麥芽糖漿。
2 麥芽糖漿煮太久時，就會變硬，所以只煮到所有食材融為一體，即關火。
3 沒有麥芽糖漿時，可以用寡糖或果糖代替。

丫曼達這樣做

利用義大利肉醬來調味也是不錯的選擇。

材料：番茄丁 2 大匙、絞肉 2 大匙、洋蔥丁 2 大匙、番茄醬 2 大匙、糖鹽少許、帕馬森起司少許。

作法：熱鍋後加沙拉油，爆香番茄丁與洋蔥丁，然後放入絞肉拌炒，最後放入所有調味料煮開拌勻即可。

如果買不到蠶繭形年糕，可用一般長條形年糕代替；維也納香腸也可以用一般小香腸代替。

#Tortilla
#Pepper
#Onion

雞蛋炒飯披薩

食材

墨西哥玉米薄餅 1 片、洋蔥 2/3 顆、飯 1/2 碗、番茄醬 3 大匙、披薩起司適量、雞蛋 1 顆

作法

1. 在平底鍋中，加入切碎的洋蔥和青椒拌炒。
2. 在步驟 1 中，加入冷飯和番茄醬拌炒。
3. 在平底盤中，放入墨西哥玉米薄餅後，再加入步驟 2 食材擺放均勻。
4. 在步驟 3 的食材上，打入 1 顆雞蛋，撒上披薩起司。
5. 在烤箱中，放入步驟 4 的平底盤烘焙至起司熔化。若希望蛋黃煮熟，可以再放入微波爐中加熱 1 分 30 秒左右。

歡歡仙子的烹調小叮嚀

1 在內餡上，再多加入火腿、玉米罐頭等其他食材，味道會更好。
2 在墨西哥玉米薄餅上，先撒上些許的披薩起司，再擺上飯，那麼飯和薄餅就會自然黏著在一起。
3 讓不愛吃蔬菜的孩子們動手將蔬菜擺放在薄餅上時，可以讓孩子們喜歡上蔬菜。
4 可以用有蓋的平底鍋代替烤箱。

ㄚ曼達這樣做

這道料理深受ㄚ曼達家中公子的喜愛，口味上的變化也很多，大家不妨參考披薩店的菜單，然後再加上個人的創意來料理，墨西哥餅皮也可以用蛋餅皮、蔥抓餅皮或是蔥油餅皮來代替，或是將餡料包入起酥皮後再去烘烤，也是不錯的嘗試喔！

#Onion

#Shrimp

奶油炸丸子

食材

洋蔥 1 顆、蟹肉適量、食用油適量、麵粉 4 大匙、牛奶 180 毫升、麵包粉適量、雞蛋 2 顆、鹽少許、胡椒粉少許

作法

1. 在淋上食用油的平底鍋中，加入切碎的洋蔥和蝦子拌炒。
2. 蝦子煮熟時，加入麵粉 3 大匙拌炒。
3. 在 2 的食材中，加入少許的牛奶調濃稠度。再加入鹽和胡椒粉調味，即完成炸丸子麵糊。
4. 待炸丸子麵糊冷卻時，舀一湯匙並塑成圓球形麵糊，並依序沾上麵粉、雞蛋、麵包粉。
5. 在鍋子中，加入適量的食用油，加入步驟 4 的食材油炸至表皮呈金黃色。

ㄚ曼達這樣做

炒麵糊是這道料理比較困難的部分，怕失敗的話可以分兩部分來做，首先先將奶油溶化後，再加入麵粉拌炒，牛奶分次加入拌勻，做成麵糊。再拌入炒好的餡料，是不是就容易許多了呢？

歡歡仙子的烹調小叮嚀

希望炸丸子的外皮厚一點時，可以在蛋液中加入少許的麵粉。

進階料理

馬鈴薯炸丸子
1 將 3 顆馬鈴薯煮熟後，搗碎壓成泥狀，在馬鈴薯泥中，加入鮪魚 150 公克、罐頭玉米 150 公克攪拌均勻。
2 在步驟 1 中，加入 1 片圓形黑輪，再製作成圓球形，並依序裹上麵粉、雞蛋、麵包粉，再放入烤箱中烘焙或油鍋中油炸。

雞蛋炸丸子
1 先將 4 顆水煮蛋搗碎後，加入碎小黃瓜 1.5 大匙、糖 1 大匙、美乃滋 1 大匙、麵粉攪拌均勻，再搓成圓球狀。
2 將步驟 1 的圓球狀依序沾上麵粉、雞蛋、麵包粉後，再放入烤箱中烘焙或油鍋中油炸。

#Tortilla

#Walnut

#Almond

....

recipe
#8

....

核桃玉米派

食材

墨西哥玉米薄餅 1 片、核桃 70 公克、杏仁 70 公克

派料

雞蛋 2 顆、黑糖 2 大匙、寡糖 3 大匙、肉桂粉 1 小匙、食用油 1 大匙

作法

1. 在平底鍋中，放入燙煮過的核桃和杏仁拌炒至呈金黃色。
2. 在容器中，加入所有的派料食材攪拌均勻，攪拌時避免雞蛋生成泡沫。
3. 在派烤盤中，放入墨西哥玉米薄餅後，再加入步驟1的杏仁和核桃。
4. 在步驟 3 中，利用網杓將步驟 2 的食材淋入。
5. 在預熱至 180 度的烤箱中，放入步驟 4 的派烤盤烘焙 20 分鐘左右。

歡歡仙子的烹調小叮嚀

1 在燙核桃的過程中，需將生成的泡沫撈起。
2 若喜歡脆脆口感的派，先將墨西哥玉米薄餅上下雙面稍微烤一下後，再使用。

進階料理

堅果玉米薄餅派
1 在墨西哥玉米薄餅上，均勻塗抹上麥芽糖漿。
2 在步驟 1 的薄餅中，加入杏仁、核桃等堅果類食物並擺放均勻，再撒上披薩起司。
3 烘焙至起司熔化。 在披薩上方的擺飾中，不可撒上肉桂粉，不然會凝結成塊。

丫曼達這樣做

選用已經烘烤過的堅果，在料理上會比較方便，或是將堅果放入 180 度已經預熱 10 分鐘的烤箱中，烘烤 5~10 分鐘，都可以簡化這道料理的製作過程。另外在堅果中加入果乾，例如：葡萄乾、蔓越莓乾，或是加入用黑糖炒過的蘋果或是鳳梨，都可以讓口感增添更多層次！

#Bread

#Eggs

#Milk

雞蛋吐司塔

食材

吐司6片、雞蛋6顆、牛奶100毫升、糖2大匙、鹽1/2小匙、香芹粉適量、
食用油適量

作法

1. 在吐司上，將飯碗倒蓋，並用力往下壓，壓出圓形吐司片。
2. 在小蛋糕烤盤中，均勻塗抹上食用油後，再放入步驟1的圓形吐司片，往下壓塑造出下凹的形狀。
3. 在牛奶中，加入鹽、糖攪拌均勻後，再均勻塗抹在步驟2的吐司上。
4. 在步驟3的吐司中，加入1顆雞蛋，撒上香芹粉後，再放入預熱至180度的烤箱烘培至蛋黃煮熟時，續烘焙20分鐘。

歡歡仙子的烹調小叮嚀

在內餡中，加入各種食材，味道更美味。蔬菜要先拌炒後，將水分排出後再使用，不然餡料會變得黏黏的。

進階料理

雞蛋餐包

1 在餐包上用刀子劃出刀痕，將內部挖空。
2 在步驟1餐包中，放入從中挖出的麵包、罐頭玉米、火腿，再放上一顆生鵪鶉蛋。
3 在步驟2的餐包上，淋上番茄醬後，放入預熱至200度的烤箱中烘焙至鵪鶉蛋煮熟。

ㄚ曼達這樣做

單純的吐司盅就非常的有魅力，ㄚ曼達還有一些創意，在打入雞蛋前，先加入白飯或是通心粉，加上一些甜椒丁、洋蔥丁、番茄丁、培根丁、鮭魚丁、燻雞丁等等，就可以變化多種口味，另外家中如果沒有小蛋糕烤盤的話，也是可以用小碗來取代喔！

#Crab stick
#A roll of bread

蟹肉漢堡

食材

餐包 5 顆、美乃滋適量、麵包粉 2 大匙

內餡

蟹肉棒 220 公克、洋蔥丁 2 大匙、雞蛋 1 顆、麵粉 1 大匙、胡椒粉少許

作法

1. 將蟹肉棒搗碎。
2. 在步驟 1 中，加入麵粉、洋蔥、雞蛋等內餡食材搓揉。
3. 將步驟 2 的麵糊搓成和餐包大小差不多的圓形薄片，再裹上麵包粉。在平底鍋中，放入製作好的圓形薄片煎至呈現金黃色。
4. 再將煎好的薄片放入餐包中即完成。

歡歡仙子的烹調小叮嚀

1. 在搓揉步驟 2 食材的過程中，可依個人喜好，加入少許的鹽。
2. 可以淋上少許的芥末醬，味道更佳。
3. 蟹肉棒也可以用果汁機絞碎。
4. 也可以在吐司中放入這些內餡，製作成三明治。

丫曼達這樣做

如果不喜歡內餡有麵包粉的話，可以改用馬鈴薯泥，馬鈴薯泥可以更確實的包覆住內餡。
馬鈴薯泥做法：先用電鍋蒸熟馬鈴薯，去皮後壓成泥，再撒上一點鹽調味，或是加入少許美乃滋調味。蟹肉棒可以搗碎或是切小塊，口感會不一樣喔！

#Carrot

#Flour

紅蘿蔔鬆餅

食材

紅蘿蔔泥 75 公克、高筋麵粉 100 公克、低筋麵粉 100 公克、泡打粉 5 公克、糖 4 大匙、雞蛋 2 顆、牛奶 150 毫升、香草香料 10 公克

作法

1. 在容器中，加入高筋麵粉、低筋麵粉、泡打粉攪拌均勻。
2. 在容器中，加入雞蛋和糖稍微攪拌一下。
3. 在步驟 2 中，加入牛奶和絞碎的紅蘿蔔泥攪拌均勻。
4. 在步驟 3 中，倒入步驟 1 的食材攪拌均勻，製作出紅蘿蔔鬆餅的麵糊。
5. 在平底鍋中，放入 1 大匙步驟 4 的麵糊煎熟。
6. 待麵糊表面冒出泡泡時，再翻面煎熟即完成。

歡歡仙子的烹調小叮嚀

1. 除了紅蘿蔔外，可以再加入其他各種蔬菜。
2. 若孩子不討厭雞蛋腥味的話，也可以不加香草香料。
3. 可以用藍莓代替紅蘿蔔，製成藍莓鬆餅！
4. 步驟 3 的紅蘿蔔泥可以用果汁機或調理機製作。

丫曼達這樣做

沒有一個孩子可以躲過鬆餅的誘惑，除了添加蔬菜之外，還可以加上黑糖炒過的蘋果或是鳳梨，或是加上培根、鮪魚等等，更可以將自製果醬淋在鬆餅上，簡單的料理，卻有不簡單的味道！

#Rice cake
#Starch flour

酥炸年糕球

食材

韓式年糕兩把、綠豆澱粉 2 大匙、炸物麵糊

醬汁

水 10 大匙、醬油 3 大匙、糖 2 大匙、胡椒粉少許、綠豆澱粉水 1 大匙

炸物麵糊

冷水 100 毫升、韓式煎餅粉 70 克

作法

1. 在平底鍋中，倒入除了綠豆澱粉以外的所有其他醬汁食材，並以大火烹煮至沸騰，加入綠豆澱粉水調濃稠度。
2. 在塑膠袋中，放入年糕和綠豆澱粉後，輕輕搖晃一下，讓年糕裹上澱粉。
3. 在炸物麵糊中，加入 2 的年糕，裹上外皮。
4. 在油鍋中，放入步驟 3 的年糕球，因為油炸年糕的過程中，油會噴出來，所以需蓋上鍋蓋，以小火油炸至表皮呈金黃色。
5. 在炸好的年糕球上，淋上製作好的醬汁即可享用。

歡歡仙子的烹調小叮嚀

1 水和綠豆澱粉以 1:1 的比例，製作出綠豆澱粉水。
2 將炸物麵糊冷藏於冰箱中 1 個小時左右進行熟成，之後再使用，做出來的炸物口感才會好吃。
3 在年糕球上，撒上少許的堅果，更能散發出香酥的味道。
4 為了避免油會噴出來，需以小火油炸。
5 油炸前，需瀝乾年糕的水份。

丫曼達這樣做

綠豆澱粉可用太白粉代替，韓式年糕也可以用麻糬或是甜年糕取代，韓式煎餅粉也可以用酥炸粉代替，每個牌子的酥炸粉都會在包裝後頭標註配方，使用起來也不難！

#Sweet potato
#cream cheese plain

奶油起司烤番薯

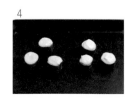

食材

番薯 3 根、奶油起司 3 大匙、糖 2 大匙

作法

1. 番薯洗淨切半後，再將兩端蒂頭切除。
2. 在平底鍋中，放入番薯煎至呈金黃色。
3. 在容器中，放入奶油起司和糖攪拌均勻。
4. 在塗抹上少許食用油的烤盤中，放入步驟 2 的食材，再將步驟 3 的食材擺放在番薯上方。
5. 在預熱至 180 度的烤箱中，放入烤盤烘焙 10 ～ 12 分鐘完成。

歡歡仙子的烹調小叮嚀

1. 番薯用烤的會比蒸的還要好吃。
2. 待烤盤冷卻後，再取出烤番薯，起司才不會流下。

丫曼達這樣做

番薯的厚度要特別注意，約切 2 公分左右，如果太厚的話，番薯會烤不透。
另外一個作法是先將番薯烤熟或蒸熟，然後去皮後壓成泥，裝盛在器皿中，鋪上奶油起司去再烘烤，也是挺不錯的！除此之外，番薯搭配披薩起司也是很對味的喔！

#chicken breasts

#Lettuce

#Tomato

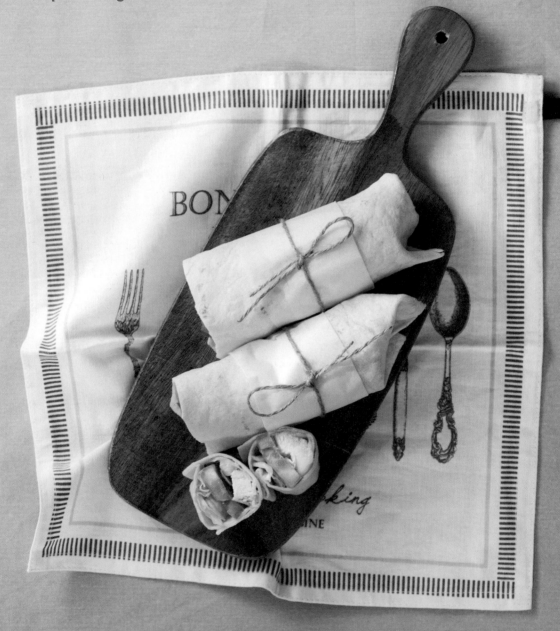

雞胸肉玉米捲餅

食材

結球萵苣半顆、番茄 1 顆、雞胸肉 100 公克、牛奶適量、墨西哥玉米薄餅 8 吋、牛奶少許、蜂蜜芥末醬少許、醃黃瓜少許

作法

1. 在容器中，放入牛奶和生雞肉浸泡 30 分鐘後，放入平底鍋中煎熟後，再切成絲狀，備用。
2. 在平底鍋中，放入墨西哥玉米薄餅煎至水份消失後取出。
3. 在步驟 2 中的墨西哥玉米薄餅上，放入撕成大小適中的結球萵苣葉片、番茄薄片、雞胸肉、醃黃瓜，再淋上蜂蜜芥末醬。
4. 將墨西哥玉米薄餅的上下兩側往中間捲起即完成。

歡歡仙子的烹調小叮嚀

1. 可以買煙燻雞胸肉，切絲後就可食用。
2. 可以在墨西哥玉米薄餅中，加入各種蔬菜。
3. 將墨西哥玉米薄餅捲成圓筒狀後，再用保鮮膜捲起來，固定形狀。

ㄚ曼達這樣做

可以用潤餅捲皮或是蛋餅皮取代墨西哥餅皮，沙拉醬更是可以依照個人喜好來搭配！可以自製蜂蜜芥末醬，材料：50 克沙拉醬、50 克黃色芥末醬、50 克蜂蜜。通通放入塑膠袋內，揉搓均勻即可。

#Pepper
#Onion
#Baguette

洋蔥起司法國麵包

1   2   3   4

食材

洋蔥 1/3 顆、黃甜椒 1/4 顆、紅甜椒 1/4 顆、美乃滋 1.5 大匙、馬茲瑞拉起司適量、法國麵包 2 片

作法

1.   洋蔥和甜椒切丁備用。
2.   在容器中,加入步驟 1 食材和美乃滋攪拌均勻。
3.   在法國麵包切片上,擺上步驟 2 的食材。
4.   在擺上食物的麵包上,撒上適量的馬茲瑞拉起司後,放入預熱至 180 度的烤箱烘培至起司熔化即可享用。

歡歡仙子的烹調小叮嚀

1   可以用黑麥麵包代替法國麵包。
2   可以用有蓋子的平底鍋代替烤箱,在平底鍋中,放入麵包以小火煎至呈金黃色。
3   也可以為孩子們上一堂洋蔥起司麵包烹飪課,讓孩子們學習將洋蔥和甜椒切丁。
4   也可以在麵包上,擺上其他各種當季新鮮蔬菜。

ㄚ曼達這樣做

馬茲瑞拉起司購買較不易,不是每家超市都有進貨,也可以用披薩起司、一般起司片來取代,更可以拌入鮪魚罐頭、碎培根、番茄丁、玉米粒,增添更多風味。

#Spanish Mackerel
#Onion

甜辣炸土魠

食材

土魠魚 1 條、洋蔥 1 顆、馬鈴薯粉少許

土魠調味料

清酒 1 大匙、鹽少許、胡椒粉少許、麻油 1/2 大匙

甜辣醬

醬油 3 大匙、水 6 大匙、糖 2 大匙、蒜碎 1 大匙、生薑泥 1/2 大匙、胡椒粉少許、麻油 1/2 大匙

作法

1. 在切塊的土魠魚中,加入土魠調味料醃漬 30 分鐘。
2. 在容器中,加入製作甜辣醬的所有食材攪拌均勻。
3. 將醃漬好的土魠魚裹上馬鈴薯粉,再放入淋上食用油的平底鍋中煎至呈金黃色。
4. 在平底鍋中,加入步驟 2 的甜辣醬和煎好的土魠魚,烹煮至吸附醬汁即完成。

歡歡仙子的烹調小叮嚀

1. 使用去除魚刺和魚骨頭的土魠魚作為食材更為方便。
2. 先將調味料攪拌均勻後,用刷子沾調味料並塗抹在土魠魚上。
3. 煎土魠魚時,只能翻一兩次面。若翻面翻太多時,魚肉會碎掉。
4. 煎土魠魚時,需魚皮對著鍋底擺放。
5. 若土魠魚沾到異物時,可以放入水中稍微沖洗一下。
6. 醃漬土魠魚時,因麻油置放過久,會發出油味,所以只要醃漬 30 分鐘即可。

ㄚ曼達這樣做

在台灣購買土魠魚非常方便,更能在超市買到裹好粉的土魠魚塊,甜辣口味改成三杯也挺不錯。
材料:蔥薑蒜各適量,酒 2 大匙、醬油 2 大匙、糖 2 大匙、九層塔適量。
作法:熱鍋後加沙拉油,爆香蔥薑蒜,所有材料入鍋中煮開後,拌入炸好或是煎好的魚塊,加九層塔悶個兩分鐘就可以囉!

#Onion

#Curry

洋蔥豬肉咖哩

食材

洋蔥 2 顆 (中)、咖哩粉 50 公克、水 500 公克、食用油 1.5 大匙、豬肉
100 公克

肉調味料

香草鹽、清酒、麻油少許

作法

1. 肉用調味料醃漬，洋蔥切絲。
2. 在炒鍋中，加入洋蔥絲和食用油以中火拌炒至呈棕色光澤。
3. 在平底鍋中，加入醃漬好的肉及步驟 2 的洋蔥拌炒。
4. 再加入咖哩粉和水烹煮 10 分鐘左右。

Ｙ曼達這樣做

Ｙ曼達煮咖哩時，總是愛加入大量的蔬菜，例如：紅蘿蔔、馬鈴薯、地瓜等等，而且都切成約 1 公分大小的小丁，這樣就可以大大的減少料理的時間，豬肉的部分也可以依照個人喜好，購買肉塊或是肉片，有時我會使用五花肉片搭里肌肉片，這樣就可以吃到兩種不同的口感呢！

歡歡仙子的烹調小叮嚀

用豬肉的背脊肉和里肌肉做出來的咖哩料理更好吃。

進階料理

番茄咖哩
1 在不鏽鋼鍋中，加入去皮的番茄 350 公克、馬鈴薯 250 公克、洋蔥 250 公克蓋上鍋蓋烹煮一段時間。
2 烹煮食材至水分流出時，再加入咖哩粉烹煮。

豆腐豬肉咖哩
1 在鍋子中，加入洋蔥 1/2 顆、豬肉 120 公克拌炒。
2 待豬肉煮熟時，加入水和咖哩塊 3 塊煮至沸騰。
3 加入嫩豆腐、醬油 1 大匙、鹽少許後，煮至沸騰即完成。

#Tofu
#Starch

recipe
#18

乾煎豆腐

食材

豆腐 1 塊、馬鈴薯澱粉（或綠豆澱粉）

乾煎醬汁

紅甜椒 1/2 顆、黃甜椒 1/2 顆、洋蔥 1/2 顆、醬油 2 大匙、梅子露 1 大匙、
寡糖 1/2 大匙、醋 1/2 大匙

歡歡仙子的烹調小叮嚀

在淋上食用油的平底鍋中，加各種蔬菜，連孩子也會喜歡這一道料理。

作法

1. 在塑膠袋中，放入切成大小適中的豆腐塊、綠豆澱粉後，輕輕搖晃
    一下，讓豆腐裹上綠豆澱粉。
2. 在淋上食用油的平底鍋中，加入步驟 1 的豆腐煎至呈金黃色，備用。
3. 將甜椒、洋蔥切碎。
4. 在容器中，加入梅子露、寡糖、醋攪拌均勻。
5. 在平底鍋中，加入甜椒和洋蔥拌炒，再加入步驟 4 的食材烹煮一段
    時間。
6. 在步驟 5 中，加入煎好的豆腐稍微拌炒一下完成。

ㄚ曼達這樣做

使用不同的豆腐會有不同的口感，喜歡軟嫩一點的話就選擇雞蛋豆腐、火鍋豆腐，喜歡紮實一點的
話，就選擇板豆腐、錦豆腐。梅子露可以用梅子酒、梅子醋或是市面上有一種老梅膏都可以，這道
酸甜的料理，非常下飯。

#Grilled Back Ribs

#Onion

recipe
#19

香滷排骨

食材

排骨 1 塊、洋蔥（大）2 顆、梅子露 150 毫升、水 150 毫升、綠豆澱粉適量

香料和蔬菜

蒜頭、生薑、大蔥、洋蔥、清酒、胡椒粒適量

作法

1. 在鍋子中，放入已川燙去除血水的排骨，再放入香料蔬菜續煮 50 分鐘。
2. 洋蔥切絲。
3. 在鍋子中，放入步驟 2 切絲的洋蔥、醬油、梅子露、水烹煮。
4. 再放入步驟 1 的排骨續煮至入味。
5. 最後再加入綠豆澱粉，增添湯汁的光亮色澤。

歡歡仙子的烹調小叮嚀

1 蓋上鍋蓋悶煮後，可以試嚐一下味道，若覺得味道太鹹時，加入適量的洋蔥或水再悶煮。
2 各品牌的梅子露甜度和酸度不同，視情況增減用量。

ㄚ曼達這樣做

用梅子露來提滷排骨的口味真的不錯，這道菜可以有兩種做法，另一種做法是排骨醃好後，先裹粉去炸，再下鍋一起去滷，也可以將梅子露用蜂蜜啤酒、鳳梨啤酒、芒果啤酒等取代，味道一樣很美味。

#Rice

#Spam

綜合海苔飯糰

食材

飯 2 碗、無鹽的海苔粉適量、火腿 100 公克

披薩醬汁

青椒 2 顆、洋蔥 1 顆、罐頭玉米適量、披薩醬 160 公克、火腿 40 公克

鮪魚沙拉醬

洋蔥 1/3 顆、鮪魚罐頭 100 公克、醃黃瓜 55 公克、美乃滋 2 大匙

作法

1. 在鍋子中,放入碎洋蔥、碎青椒、玉米拌炒。
2. 在步驟 1 中,加入披薩醬、火腿攪拌均勻,製成醬料。
3. 在容器中,加入鮪魚罐頭、炒好的洋蔥和醃黃瓜、美乃滋攪拌均勻,即可完成鮪魚沙拉醬。
4. 在滾水中,加入火腿稍微燙熱後,用冷水清洗並切碎,再放入乾的平底鍋中拌炒至呈金黃色。
5. 將白飯平鋪在塑膠袋上,在中間加入各種食材,搓成圓球狀。
6. 在飯糰上,撒上海苔粉。

ㄚ曼達這樣做

飯糰製作並不難,這道料理很適合親子一同製作,如果沒有飯糰模型,媽媽們也可以準備塑膠袋或是保鮮膜,將飯糰包在裡面塑形,孩子們也可以一邊捏一邊吃,增添用餐的樂趣喔!

進階料理

泡菜火腿漢堡

泡菜 2 把、火腿 115 公克

烤肉醬

蘋果泥 3 大匙、醬油 3 大匙、糖 1 大匙、梅子露 1 大匙、麻油 1 大匙、清酒 2.5 大匙、蒜碎 1 小匙、烤肉用肉 120 公克

1. 火腿用熱水燙過後,切碎,再放入平底鍋中煎至呈金黃色。
2. 在平底鍋中,放入泡菜拌炒後,去除水份,並切碎。
3. 將 1 和 2 的食材攪拌均勻再加入烤肉醬攪拌均勻。
4. 在容器中,放入烤肉和步驟 3 的醬料醃漬,再放入平底鍋中拌炒至收汁。
5. 在製作米漢堡的模型中,依序放入泡菜、火腿、飯,製作成泡菜火腿米漢堡。或依序放入烤肉和飯製作成烤肉米漢堡。若在烤肉米漢堡裡,加入少許的馬茲瑞拉起司,味道更香酥。

#Tofu
#Milk
#Spaghetti

奶油豆腐義大利麵

食材

豆腐 170 公克、牛奶 300 毫升、洋蔥 1/2 顆、鹽少許、胡椒粉少許、義大利麵 2 人份

作法

1. 在果汁機中，放入用滾水燙過的豆腐和牛奶攪碎。
2. 洋蔥和培根切絲。
3. 在鍋子中，放入步驟 2 的食材拌炒。
4. 在步驟 3 中，放入步驟 1 的牛奶豆腐，加入鹽和胡椒粉調味，以小火續煮至入味。
5. 在鍋子中，放入以滾水煮 6 分鐘的義大利麵和步驟 4 的食材拌炒後即可上桌。

歡歡仙子的烹調小叮嚀

1 若想要吃到更濃的乳脂味道時，可加入些許的無糖鮮奶油。
2 烹煮時直接放入嫩豆腐，或將一般豆腐燙煮過後再使用。
3 在煮義大利麵過程中，放入少許的鹽，可使麵的味道更可口。
4 煮義大利麵的時間需照包裝紙上的標示時間短 1~2 分鐘，麵才不致於糊掉。

ㄚ曼達這樣做

如果孩子不喜歡豆腐的味道，可以改用無糖豆漿來料理，再加點紅蘿蔔絲、玉米粒或是培根片。義大利麵也可以用螺旋麵、通心粉或是筆管麵代替，市面上還有很多卡通造型的義大利麵可以使用，吸滿湯汁的義大利麵，讓人忍不住一口接一口。

#Doenjang
#Udon noodles

味噌炸醬烏龍麵

食材

烏龍麵2人份、味噌醬150公克、食用油4大匙、糖3大匙、辣椒粉1大匙、
綠豆澱粉適量、水400~600毫升、高麗菜絲2把、洋蔥1顆（小）
馬鈴薯2顆（小）、豬里脊肉絲1把、罐頭玉米2大匙
醃漬醬料 清酒、胡椒粉、鹽少許

作法

1. 在容器中，放入豬肉和所有醃漬醬料用的食材，醃30分鐘。洋蔥
   和高麗菜切絲，馬鈴薯切碎，用水浸泡去除澱粉黏液。

2. 在炒鍋中，放入味噌醬和食用油，以中火拌炒2分30秒～3分鐘
   左右，最後再以小火拌炒。拌炒後，用網杓過濾，瀝乾油脂。

3. 在另外一個炒鍋中，放入醃好的肉和馬鈴薯拌炒。

4. 待步驟3的食材煮熟時，放入高麗菜、洋蔥、玉米拌炒。

5. 在步驟4中，先放入步驟2的食材和水，再放入味噌醬、寡糖、辣
   椒粉攪拌均勻。

6. 在步驟5中，放入綠豆澱粉調濃稠度，關火備用。在鍋子中，放入
   煮好的麵，再倒入煮好的醬汁即可上桌。

歡歡仙子的烹調小叮嚀

1 避免使用大火，以小
  火和中火輪替烹煮的
  方式，可避免食材燒
  焦。

2 這道料理也可以不加
  肉類，或是用其他肉
  品代替。

3 各個家庭使用的味噌
  醬鹹度不一，在調味
  過程中，需親自試味
  道，並調整鹹度。

ㄚ曼達這樣做

這道料理的味道比較濃厚，ㄚ曼達建議也可以使用甜麵醬取代味噌醬，辣椒粉可加可不加，喜歡吃
辣的話，可以加辣豆瓣醬來提味。用粗絞肉來料理，也是很不錯的喔！

#Perilla leaf
#Rice

紫蘇葉飯捲

食材

滾水燙過的紫蘇葉 26 片、飯 1 碗、麻油 1 小匙、麻油 1/2 小匙、泡菜 2 把、培根 5 片

作法

1. 在滾水中，放入紫蘇葉稍微燙一下後，迅速撈起，用冷水沖洗、瀝乾水份。

2. 在平底鍋中，放入切成適當大小的培根片拌炒。

3. 再放入切碎的泡菜和麻油一起拌炒。

4. 將兩片去蒂的紫蘇葉疊放，在其上放入以芝麻油攪拌均勻的飯，再放入培根和泡菜，捲成圓筒狀即可享用囉！

歡歡仙子的烹調小叮嚀

1. 在味道過酸的泡菜中，放入少許糖，可降低酸度。

2. 除了培根和泡菜外，可依個人喜好，選用其他食材製作成其他口味的紫蘇葉飯捲。

ㄚ曼達這樣做

如果無法取得紫蘇葉，可用美生菜或是蘿蔓生菜取代，當然也可以用孩子們最愛的海苔。培根片則可用豬肉片或是牛肉片取代，用煎的或是川燙都可以，讓孩子自己一邊吃一邊包，更有樂趣！

#Seaweed Fulvescens
#Tuna

海帶鮪魚煎餅

食材

海帶 1 把、鮪魚罐頭 1 罐（150 公克）、洋蔥（小）1/2 顆、紅蘿蔔 1/3 根、雞蛋 1 顆、綠豆澱粉 1.5~2 大匙

作法

1. 先在網杓中放入海帶，用清水沖洗乾淨，最後再瀝乾水份。
2. 在容器中，放入清洗過的海帶、碎紅蘿蔔、碎洋蔥、雞蛋、綠豆澱粉、鮪魚攪拌均勻。
3. 以手將步驟 2 的食材搓揉成圓形薄片狀。
4. 在平底鍋中，淋上食用油，放入步驟 3 的圓形薄片煎至上下兩面呈金黃色。

ㄚ曼達這樣做

綠豆澱粉可用太白粉或是韓式煎餅粉代替，用量只要能揉成麵糰即可，快煎好時，撒上些披薩起司，蓋起鍋蓋悶個兩三分鐘，也是非常美味的喔！

歡歡仙子的烹調小叮嚀

1. 麵糰的濃稠度不可過稀，依個人喜好調整加入的綠豆澱粉量。
2. 可用青菜代替海帶。
3. 先以中火熱鍋，再以小火煎食材，若一直以中火煎食材，食材表面易燒焦。
4. 因各個廠家綠豆澱粉的含水量不同，添加綠豆澱粉時，只添加至麵粉糰凝結成塊狀即可。
5. 在鮮奶油中，放入切碎的海帶攪拌均勻，即可完成美味的海帶鮮奶油醬。

進階料理

火腿高麗菜煎餅
在容器中，放入碎高麗菜 170 公克、碎火腿 60 公克、碎洋蔥 50 公克、煎餅粉 7 大匙、250 毫升左右的水攪拌均勻，視麵粉糰濃稠度，添加少許水。在平底鍋中，放入用湯匙舀出來的麵粉糰，煎至熟透。

#A green pumpkin

#Tuna

recipe
#25

嫩南瓜炒鮪魚

食材

鮪魚罐頭 1 罐（150 公克）、嫩南瓜 1 條、鹽 1 小匙、麻油 1 小匙、食用油 1 大匙、芝麻少許

作法

1. 在容器中，放入嫩南瓜絲和鹽，浸泡 20 分鐘。
2. 在平底鍋中，放入步驟 1 的食材拌炒。
3. 待南瓜絲煮熟時，放入罐頭中的鮪魚和醬汁烹煮至湯汁收乾，再快速拌炒。
4. 關火，加入芝麻攪拌均勻。

歡歡仙子的烹調小叮嚀

1. 醃漬的嫩南瓜味道太鹹時，以水稍微沖洗一下，再擠出水份。
2. 嫩南瓜去除兩端的蒂後，洗淨帶皮切絲，才開始進行醃漬。
3. 以鮭魚罐頭代替鮪魚罐頭，即可烹調出嫩南瓜炒鮭魚。

丫曼達這樣做

嫩南瓜又稱大利瓜、夏南瓜或西葫蘆，也可以用胡瓜代替。如果擔心鮪魚罐頭味道太鹹的話，也可以瀝掉一些油份，改用食用油代替。不想使用罐頭食品，也可以用生鮮魚肉取代，魚肉切小塊先煎過，再來進行烹調就可以囉！

#Pork Backbone
#Pureed Soybean Soup

黃豆豬骨湯

食材

豬骨 1 公斤、生薑 2 塊、味噌醬 1.5~2 大匙、鹽適量、黃豆粉 320 公克、水 4.5 ～ 5 公升

泡菜醬料

泡菜 1/4 顆、味噌醬 1 大匙、醬油 1 大匙、梅子露 1 大匙、紫蘇子 1.5 大匙、辣椒粉 2 大匙、紫蘇子油 1/2 大匙

香料蔬菜

洋蔥 1 顆、大蔥 1 根、蒜頭 10 顆、味噌醬 1 大匙

作法

1. 用冷水浸泡豬骨半天,去除血水。在鍋子中,放入去除血水的豬骨和生薑烹煮至沸騰,再續煮 5 分鐘,將豬骨撈起,以冷水清洗乾淨。
2. 另煮一鍋水,放入香料蔬菜、味噌醬 1 大匙、步驟 1 的豬骨續煮 50 分鐘,將香料蔬菜撈起。
3. 泡菜用水清洗乾淨,再將泡菜撕成絲狀。在容器中,放入撕成絲狀的泡菜和所有泡菜醬料食材。
4. 在步驟 2 中,放入步驟 3 的泡菜、味噌醬 1/2 ～ 1 大匙續煮 30 分鐘左右,最後以鹽調味。
5. 在煮沸的豬骨湯中,放入黃豆粉續煮一段時間即完成。

歡歡仙子的烹調小叮嚀

1. 也可用乾菜代替泡菜。
2. 可用豬頸骨和脊椎骨熬湯,也可只以便宜的豬骨熬湯。
3. 建議以鹽調味。以味噌調味,有可能調出過鹹的湯頭。

進階料理

黃豆蓋飯

在鍋子中,放入洗米水和黃豆粉,以中火烹煮一段時間,再放入蝦醬和紫蘇子粉,以小火烹煮,即可完成豆渣湯。在碗中,放入飯,擺上用醬料調味過的泡菜和黃豆湯,即可完成黃豆蓋飯。

蒸豬骨

在炒鍋中,放入燙煮過的豬骨和甜甜辣辣的醬汁燜煮,即可完成美味的蒸豬骨。

ㄚ曼達這樣做

這道料理的高湯煮法很棒,味噌醬可以改用鹽調味,就是一鍋萬用高湯!建議可以煮好後分小包裝冷凍,之後要使用都很方便,用來煮粥、煮麵或是蒸蛋都很棒。

#A drumstick of a chicken

#Potato

#Doenjang

雞肉味噌湯

食材

雞腿肉2支、馬鈴薯(中)1顆、洋蔥1/2顆、嫩南瓜1/2顆、味噌醬適量、
高湯或水750毫升

雞腿肉醃漬醬料

味噌醬1小匙、麻油1小匙、辣椒粉1/2大匙

作法

1. 在容器中，放入切成絲狀的雞胸肉和所有醃漬醬料用的食材，醃30
    分鐘。
2. 用冷水浸泡馬鈴薯切片，去除澱粉黏液，將嫩南瓜切成半月形、將
    洋蔥切成方塊。
3. 在鍋子中，放入醃製過的雞腿肉和馬鈴薯，以中火拌炒。
4. 待雞腿肉煮熟時，放入洋蔥和嫩南瓜拌炒。
5. 在步驟4的鍋子中，再放入高湯和味噌醬。依照個人喜好，添加辣
    椒粉。

歡歡仙子的烹調小叮嚀

1 各個家庭使用的味噌
   醬味道不同，依個人
   喜好調鹹度即可。
2 可用水代替高湯時，
   需採慢火熬煮的方式，
   煮出來的湯頭才會好
   喝。

進階料理

豆腐味噌湯

1 在鍋子中，放入1小
   包花蛤、半顆洋蔥丁、
   1大匙辣椒粉、麻油，
   以大火烹煮。
2 待花蛤打開時，再放
   入650毫升水和2大
   匙味噌醬續煮。
3 待水滾時，用湯匙將1
   盒嫩豆腐舀入，續煮
   至水滾，放入一顆雞
   蛋即完成。

ㄚ曼達這樣做

嫩南瓜又稱大利瓜、夏南瓜或西葫蘆，也可以用胡瓜代替。這道料理的高湯可用p59頁的高湯，雞
肉可用豬肉塊或是排骨肉來代替，如果想要喝清淡一點的話，可以用新鮮海鮮代替，省略醃漬的過
程，味道會更鮮甜。

#Squid cuttlefish
#Seaweed Fulvescems

魷魚海帶湯

食材

魷魚 1 隻、海帶 1 把、豆腐 1 塊（200 公克）、鯷魚高湯約 800 毫升、
湯用醬油 1 大匙左右

作法

1. 魷魚切成絲狀、海帶泡水後瀝乾水份再切碎、豆腐切成適當大小方
   塊。
2. 在鍋子中，放入高湯烹煮後，再放入魷魚續煮。
3. 放入湯用醬油，調整鹹淡。
4. 再依序放入豆腐、海帶續煮即完成。

歡歡仙子的烹調小叮嚀

1 味道若太淡，可以再
   添加少許的鹽。
2 也可以以牡蠣代替魷
   魚，味道更爽口。

丫曼達這樣做

超市可以買到泡水魷魚，更可以用花枝、透抽來料理，想要豆腐更入味的話，可以先將豆腐加入高
湯中，先烹煮 20 分鐘，再加入海鮮烹調。

#Chicken Breast
#Quail egg

香滷雞胸肉

食材

雞胸肉 700 公克、鵪鶉蛋 20 顆、昆布 1 片（5×5）、水 5 杯（1000 毫升）

醬料

醬油 100 毫升、糖 50 毫升、胡椒粉少許

作法

1. 在鍋子中，放入水和鵪鶉蛋煮熟，去殼。
2. 在容器中，放入所有醬料用的食材攪拌均勻。
3. 在平底鍋中，放入 5 杯水，再放入鵪鶉蛋、雞胸肉、昆布 1 片。
4. 在步驟 3 中，放入步驟 2 的醬料烹煮至沸騰，以大火續煮 1～2 分鐘，以中火和小火輪替燜煮至入味即完成。

歡歡仙子的烹調小叮嚀

1. 雞胸肉和鵪鶉蛋一起放入醬汁中燉煮後，僅取出要吃的雞胸肉量撕成絲狀，再用容器裝盛。
2. 可再添加其他蔬菜一起滷。

ㄚ曼達這樣做

雞胸肉下鍋之前先用熱水川燙去血水，也可以加白蘿蔔或是海帶一起滷，簡簡單單就可以滷好一鍋下飯的料理。

#Bacom

#Onion

培根炒鮮蔬

   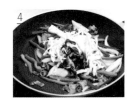

食材

培根 4 片、洋蔥 1/2 顆、高麗菜絲 1 把、青椒和紅甜椒各 1/2 顆、蠔油
1 小匙、麻油 1/2 小匙、胡椒粉少許

作法

1. 將燙煮過的培根切碎，洋蔥、高麗菜、青椒、紅甜椒都切絲。
2. 在平底鍋中，放入培根，以中火煎至熟。
3. 待培根熟透時，放入青椒、紅甜椒拌炒。
4. 再放入高麗菜、蠔油拌炒至高麗菜軟化。

歡歡仙子的烹調小叮嚀

1 用滾水微燙一下培根後，再使用。
2 可用火腿代替培根，使用前仍需先用滾水燙一下。
3 也可用甜椒代替青椒。

ㄚ曼達這樣做

這道料理在視覺上色彩十分繽紛，孩子們一定會很喜歡，培根片也可以用豬肉片或是牛肉片代替，如果敢吃辣，用韓式甜辣醬來調味也很棒，甜甜辣辣的滋味，是道很下飯的料理。

#Fish cake

#Rice

#Spaghetti sauce

黑輪義式寬麵

食材

飯 3/4 碗、義大利麵醬（番茄醬）3 大匙、馬茲瑞拉乳酪大量、香菇數朵、
洋蔥 1/2 顆、蒜頭 3 顆、方形黑輪片 3 片、起司片適量

作法

1. 在滾水中，放入方形黑輪片微燙煮一下。
2. 洋蔥和香菇切碎，蒜頭切片。
3. 在平底鍋中，淋上食用油，放入蒜頭切片拌炒，再放入香菇和洋蔥拌炒。
4. 在步驟 3 中，放入義大利麵醬和飯拌炒。
5. 在容器中，先塗抹上番茄醬，再撒上少許的馬茲瑞拉乳酪，擺上一片方形黑輪片。
6. 將步驟 5 的黑輪片上塗抹上番茄醬，放入步驟 4 的炒飯，撒上馬茲瑞拉乳酪，再擺上一片黑輪片，最後再依序擺上起司、黑輪、番茄醬、馬茲瑞拉乳酪後，放入烤箱烘焙至起司熔化。

歡歡仙子的烹調小叮嚀

1. 避免塗抹過量的番茄醬，否則味道會過鹹，每次只塗抹一點點。
2. 可在內餡添加些許的玉米粒，增加口感。
3. 在內餡中添加一些炒泡菜，可增添甜甜辣辣的味道。
4. 若家裡沒有馬茲瑞拉乳酪，也可以用一般起司取代。

丫曼達這樣做

這一道料理中的方形黑輪片可用長條黑輪代替，只要將黑輪切片就可以囉！另外還可以用百頁豆腐來代替，一樣切薄片即可。炒料中也可以加入肉末，或是鋪好炒飯後，再鋪一層培根片，都可以讓美味加分！

#Rice

#Dried slices of daikon

蘿蔔乾燉飯

食材

米 1 杯、蘿蔔乾一把半、香菇數朵、豬肉 100 ～ 150 公克、韭菜適量
豬肉醃醬 米酒少許、鹽少許、麻油適量
乾蘿蔔醃醬 麻油適量

作法

1. 米用流動的水清洗乾淨，再用水浸泡，香菇切碎。
2. 蘿蔔乾用水浸泡後，瀝乾水份，再放入容器中，放入麻油攪拌均勻。
3. 在容器中，放入豬肉和豬肉醃醬的所有食材，醃半小時以上。
4. 在鍋子中，依序加入步驟 1、步驟 2、步驟 3 的食材，再倒入與食材同等量的水。
5. 蓋上鍋蓋，以大火烹煮至冒出泡泡時，以中火續煮至水份大多蒸發後，再以小火續煮收乾醬汁，關火，蓋上鍋蓋燜 10 分鐘左右。
6. 打開鍋蓋，撒上切好的韭菜即完成。

Ⴠ曼達這樣做

這道料理是運用炊飯的概念來做，如果大家怕用瓦斯爐烹煮會失敗的話，可以將炒好的飯放入電子鍋內，然後加入等分量的水來煮。蘿蔔乾可以用南瓜片、筍丁、高麗菜來代替，醃醬的部分可改由醬油與少許糖取代喔！

歡歡仙子的烹調小叮嚀

1. 在蘿蔔乾中，可添加少許麻油攪拌均勻，去除特殊香味。
2. 在蘿蔔乾飯中，淋上少許醬汁，味道會可更可口。

製作醬汁

醬油 3 大匙、寡糖 2 大匙、麻油 1/2 大匙、辣椒粉少許、芝麻少許、蔥少許、洋蔥少許

進階料理

茄子營養飯
1. 米 250 公克先浸泡好。
2. 在容器中，放入豬肉 150 公克、醬油 1 小匙、糖 1 小匙、麻油 1 小匙及胡椒粉拌勻。
3. 將 1 根茄子切成易入口的大小。
4. 在鍋子中，放入步驟 2 和步驟 3 的食材拌炒，倒入浸泡過的米和食材同等量的水後，依照左列步驟 5 的方式蒸飯。吃的時候，再淋上些許醬汁，味道會更可口。

070
071

#Fish cake

#Cheese

#Eggs

黑輪起司燒

食材

方形黑輪 3 片、一般起司 3 片、雞蛋 2 顆、麵粉少許

作法

1. 在滾水中，放入方形黑輪片燙煮一下。
2. 在黑輪外層，裹上麵粉。
3. 在步驟 2 的食材上，擺放一片起司，並進行對摺。
4. 在步驟 3 的食材外層，裹上蛋液。
5. 在平底鍋中，放入步驟 4 的食材，以小火煎至呈金黃色。

ㄚ曼達這樣做

看到這一道料理的做法，ㄚ曼達覺得好特別，好像市面上很多食材都可以夾著起司這樣煎，最簡單的就是用吐司片、麵包片，另外百頁豆腐、甜不辣，也是很好的取代材料！

歡歡仙子的烹調小叮嚀

1 也可利用兒童吃的淡口味起司作為食材。
2 在煎的過程中，需用鏟子用力壓食材，起司才會附著在黑輪上。在壓的過程中，力道需控制得宜，才不會導致食材碎裂。

食用油的挑選小訣竅

每一種油的發煙點（Smoke Point）都不同，當油達到發煙點以上，就會變質產生致癌物質。因此烹調食物時，最好選擇發煙點較高的植物油，就能吃得更安心、更健康。

◀酪梨是世界金氏紀錄最營養的水果，紐西蘭原裝進口酪梨油含有 20 顆酪梨的精華，且耐高溫不起油煙。

#Mackerel

#Onion

#Doenjang

烤味噌鯖魚

食材

鯖魚 1 條、洋蔥 1 顆、清酒或米酒適量

味噌醬

味噌醬 2 大匙、水 5 大匙、糖 1 大匙、蒜末 1 大匙、麻油 1/2 大匙、芝麻 2 大匙

作法

1. 鯖魚先用清酒或米酒浸泡，去除腥味後，再去除肉眼看得到的魚刺。

2. 在果汁機中，放入味噌醬的所有食材攪拌均勻，洋蔥切絲。

3. 在烤箱鐵盤上，鋪上洋蔥，放入塗抹上味噌醬的鯖魚，再放入烤箱中，以 180 度烤 15 ～ 20 分鐘。

歡歡仙子的烹調小叮嚀

1 如果可以買到已經去除魚刺的鯖魚肉，更適合作為料理給小朋友食用。

2 家中沒有烤箱時，可在不鏽鋼鍋中，先鋪上洋蔥，放入塗抹上味噌醬的鯖魚，蓋上鍋蓋燜煮。

3 可選用白味噌醬，口味比較清爽不會太鹹。

丫曼達這樣做

用鯖魚、一夜干來做這道料理非常合適，也很容易取得，而且可以省去用酒去腥味的步驟，只是一夜干已經有鹽分了，使用淡味噌來料理更適合。

#Tofu
#Spam

豆腐火腿燒

食材

豆腐 1/2 塊、火腿片 1/2 盒、鹽少許、綠豆澱粉少許、雞蛋 1 顆

作法

1. 將豆腐切成和火腿相同的長度和寬度後，再撒上鹽，放置 30 分鐘。
2. 將火腿切成 0.5 公分厚度後，放入滾水中，稍微燙一下。
3. 在步驟 2 的火腿外層上，裹上綠豆澱粉。
4. 將步驟 1 的豆腐瀝乾去除水份後，在豆腐上放入裹上綠豆澱粉的火腿，再用一片豆腐覆蓋在上面。
5. 在豆腐外層塗上蛋液，放入平底鍋中，煎至呈現金黃色即完成。

歡歡仙子的烹調小叮嚀

1. 火腿若裹上過多的綠豆澱粉，口感就會不好吃。所以裹上麵粉後，輕輕抖掉一些，只剩下薄薄的一層。
2. 豆腐味道過鹹時，就用水稍微沖洗一下，再用廚房巾拭乾水份。
3. 綠豆澱粉也可以用玉米澱粉或太白粉等代替。

丫曼達這樣做

這道料理的豆腐應使用板豆腐或是錦豆腐這類比較紮實的豆腐，豆腐才不容易破裂。火腿可以用三明治火腿或是哈姆，另外還可以自製醬汁來搭配，像是蒜味醬、糖醋醬都很適合。

#Dried radish greens
#Onion

蔬菜乾蓋飯

食材

蔬菜乾 1 把、洋蔥 1/2 顆、紫蘇粉 2.5 大匙、水 200 毫升、綠豆澱粉適量

醬料

味噌醬 1 大匙、辣椒醬 1/2 大匙、梅子露 1 大匙、寡糖 1 大匙、麻油 1/2 大匙

作法

1. 將蔬菜乾和洋蔥切碎。
2. 在處理過的蔬菜乾中,放入除了水和紫蘇粉外的其他所有醬料食材,用手稍微搓揉一下。
3. 在鍋子中,放入步驟 2 的食材和水,以中火烹煮。
4. 再放入紫蘇粉續煮一段時間,加入綠豆澱粉,調整湯頭的濃稠度。
5. 在煮好的飯上,淋上步驟 4 的蔬菜乾醬。

歡歡仙子的烹調小叮嚀

1. 將蔬菜乾分裝成好幾個小袋,再放入冷凍庫中冷凍。在袋子中放入少許的水後再結凍,可預防蔬菜的口感變得硬梆梆的。
2. 無需將蔬菜乾的水份擠出來,以帶水份的蔬菜作為食材時,做出來的料理更為好吃。
3. 也可用白菜乾代替蔬菜乾。

丫曼達這樣做

在中南部有很多家庭主婦都會自製高麗菜乾、花菜乾等,這些菜乾都可以拿來製作這一道料理,但台灣的菜乾偏鹹,所以在使用前要多洗幾次,也可以用熱開水清洗,如果醬料想要清淡一點,可以用醬油與糖取代!

在網路或大賣場也可以買到現成的蔬菜乾。

#Pork Sirloin

#Starch

糯米糖醋肉

食材

豬肉 400 公克、食用油適量、綠豆澱粉糊 6 大匙、蛋白 2 顆
醃醬 麻油、胡椒粉、鹽、清酒 (米酒)、生薑各少許、糯米粉 4 大匙
糖醋肉醬汁 醬油 1 大匙、糖 4 大匙、醋 3 大匙、水 150 毫升、青椒 1/2 顆、洋蔥 1/2 顆、紅蘿蔔 1/4 根

作法

1. 在容器中，放入切成易入口的豬肉塊，再放入醃醬食材醃 30 分鐘。
2. 在綠豆澱粉糊中，放入蛋白攪拌均勻，製作成麵粉皮。
3. 在步驟 2 中，放入步驟 1 的豬肉攪拌均勻。
4. 在鍋子中，倒入適量的食用油，以中火熱油，放入步驟 3 的豬肉，油炸至呈金黃色撈起。食用前，再放入油鍋中油炸一次。
5. 在容器中，放入醬油、糖、醋、水攪拌均勻。
6. 在平底鍋中，放入食用油熱鍋，再放入青椒切片、洋蔥切片、紅蘿蔔切片拌炒，倒入步驟 5 的醬汁續煮，倒入綠豆澱粉糊調整湯汁濃度。
7. 將步驟 6 的湯汁淋在油炸後的豬肉上即完成。

丫曼達這樣做

這道料理的肉品，可以選用大家喜愛的部位，喜歡瘦一點的肉就選用里肌肉，希望吃到油脂，就可以選用梅花肉。最後勾芡的部分可以用太白粉與水，以一比二的比例來調製！

歡歡仙子的烹調小叮嚀

1 所謂綠豆澱粉糊是指在水中加入綠豆澱粉攪拌成的綠豆澱粉液，將水都倒掉，只留下澱粉糊。在前一天晚上調好綠豆澱粉糊，做出來的炸物口感更 Q 彈。(粉與水的比例為一比二)。
2 在炸好的魚上，淋上糖醋肉醬汁，味道更為可口。
3 豬里脊肉、豬背脊肉、豬腿肉都可作為料理食材。
4 在食用前，再將豬肉油炸一次，口感會更加酥脆。

#Salted pollack roe
#Squid cuttlefish

明太子魷魚炒飯

食材

明太子 1 顆（約 2 大匙）、魷魚 1/2 條、美乃滋 1 大匙、飯 1 碗、洋蔥
1/3 顆、青蔥 1/2 根

海鮮醃醬

麻油、清酒 (或米酒) 各少許

作法

1. 將青蔥和洋蔥切碎。
2. 在容器中，放入魷魚丁和海鮮醃醬的所有食材，醃 20 分鐘。
3. 在容器中，放入明太子和美乃滋攪拌均勻。
4. 在平底鍋中，淋上食用油，放入步驟 1 的蔬菜拌炒。
5. 待洋蔥和青蔥煮熟時，再放入步驟 2 的魷魚、飯、步驟 3 的明太子
   美乃滋拌炒後即完成。

歡歡仙子的烹調小叮嚀

1. 盡可能選用低鹽、無色素的明太子為宜。
2. 需用冷飯，才不會糊掉。
3. 青蔥的量要多，香味才會濃烈，口感才會好吃。
4. 也可用綜合海鮮代替魷魚。

Ｙ曼達這樣做

明太子價格偏高，可以用鮭魚丁來取代明太子，但鮭魚丁不需要拌入美乃滋，可以跟魷魚一塊下鍋炒過，最後再加入美乃滋拌飯就可以囉！想要奢侈一點的話，最後可以灑上一點鮭魚卵更美味。

#Sweetcorm

#Starch

糖醋玉米丸

食材

罐頭玉米 1/2 罐、馬鈴薯澱粉 3.5 大匙

糖醋肉醬汁 水 150 毫升、醬油 1 大匙、糖 4 大匙、醋 3 大匙、綠豆澱粉糊適量、紅蘿蔔 1/4 根、甜椒 1/3 顆、青椒 1/3 顆、洋蔥 1/3 顆

作法

1. 在容器中，放入罐頭玉米搗碎。
2. 在步驟 1 的碎玉米粒中，加入馬鈴薯澱粉攪拌均勻成麵糰。麵糰若攪拌不均勻時，陸續放入少許的鹽水或玉米罐頭中的玉米水攪拌均勻，搓揉出麵糰。
3. 用湯匙或手將步驟 2 搓成圓球狀後，放入油鍋中炸熟。
4. 在平底鍋中，淋上食用油，放入糖醋肉醬、紅蘿蔔、甜椒、青椒、洋蔥拌炒。
5. 待步驟 4 的蔬菜煮熟時，放入水、醬油、糖、醋續煮至冒泡泡，再放入綠豆澱粉，調整湯汁的濃稠度。
6. 在容器中，放入步驟 3 的玉米球與步驟 5 的糖醋肉醬汁。

歡歡仙子的烹調小叮嚀

1. 調整麵粉糰的濃度，可以用水和鹽調整。也可用罐頭玉米水代替水。
2. 可以用整根玉米取玉米粒，但需再增加甜味。
3. 在糖醋肉醬汁中，加入香菇等各種蔬菜，會更鮮甜可口。

丫曼達這樣做

用自製玉米丸來取代豬肉是一個很棒的點子，玉米丸中也可以加入其他的蔬菜，味道會更加分。不想用馬鈴薯粉的話，也可以先將馬鈴薯蒸好壓成泥後取代。在步驟 5 的部份也可以用太白粉加水，以一比二的比例調製來取代綠豆澱粉。

\#Chicken drumstick

\#Garlic

蜜汁雞腿

食材

雞腿 1 包（500 公克）、蒜末 1 大匙、麻油 1/2 大匙、牛奶適量、鹽少許、迷迭香少許

醬料 蜂蜜 4 大匙、醬油 1 大匙、伍斯特醬（註）1 大匙、水 2 大匙、胡椒粉少許

作法

1. 在容器中，放入劃上刀痕的雞腿，倒入牛奶，浸泡 30 分鐘。
2. 將雞腿取出瀝掉牛奶後，放入容器中，再放入蒜末、麻油、花草鹽、迷迭香，浸泡 30 分鐘。
3. 在另一個容器中，放入醬料的所有食材攪拌均勻。
4. 在平底鍋中，放入雞腿煎至呈金黃色。
5. 在另一個平底鍋中，放入步驟 3 的醬料續煮至醬汁收乾一些，再放入烤好的雞腿續煮至醬汁完全收乾。

註：伍斯特醬（Worcestershire sauce）就是辣醬油，又稱辣醋醬油、英國黑醋，是一種英國調味料，味道酸甜微辣，色澤黑褐。

丫曼達這樣做

雞腿先煎後收乾醬汁，會讓雞皮的部分更加 Q 彈。這道料理也可以直接用烤的，將醃好醬汁的雞腿放入烤箱中，先用 180 度烤 15 分後，再刷一次醬汁，然後再烤個 10 分鐘就可以了。用氣炸鍋也可以完成，先以 120 度烤 20 分，再升溫至 180 度烤 5 分鐘即可。

歡歡仙子的烹調小叮嚀

1 可以用雞翅等其他雞肉部位代替雞腿。
2 用油炸過的雞腿做出的料理，口感更酥脆。
3 在雞腿上撒上堅果，口感也很好，小孩也會喜歡。
4 如果沒有加迷迭香也不影響口味。

如何分辨出優質的蜂蜜？

該如何分辨出優質的蜂蜜呢？挑選時建議掌握四不：選擇非人工餵養、無化學添加、無防腐劑、無抗生素，才是好蜂蜜！

▲紐西蘭三葉草蜂蜜，100% 純正蜂蜜，含有獨特乳香與焦糖香味，營養又美味。

葡萄汁

食材 1人份

葡萄 360 克、水 600 克

作法

1. 葡萄先剪下來，用清水洗過兩次。
2. 將葡萄的蒂頭拔掉後，放入鍋子中。
3. 葡萄與水放鍋子內。
4. 煮滾後，葡萄就會浮上水面，皮與肉也開始分離。
5. 轉小火後煮 60 分鐘。
6. 用大勺子把葡萄撈出，並稍稍擠壓，可以擠出更多湯汁喔！
7. 湯汁放涼後，加入冰塊，就是一杯清爽的葡萄汁，更可以倒入冰盒中，就是好吃的葡萄冰塊，用果汁機打碎，也可以變成葡萄冰沙，更可以變化成果凍喔！

芒果乳酪杯

食材 6人份

奶油乳酪 375 克、糖 75 克、鮮奶油 375 克、牛奶 225 克、芒果泥 180 克、吉利丁片 6 片、冰水 100c.c.

作法

1. 奶油乳酪放入攪拌器中打軟，沒有攪拌器的可以用湯匙壓碎後，慢慢攪拌。
2. 倒入鮮奶油與糖拌勻，沒有攪拌器的人可以用打蛋器拌勻。
3. 倒入芒果泥拌勻。
4. 吉利丁片剪小塊，倒入冰水泡軟。
5. 將牛奶加入步驟 4 泡軟的吉利丁片，並一起隔水加熱至吉利丁片融化。
6. 將步驟 5 煮好的牛奶倒入步驟 3 拌勻。
7. 將芒果乳酪舀入杯中，放入冷藏約 3~4 小時即可食用。
8. 上桌前用些芒果丁與餅乾裝飾，看起來就跟外面賣的一樣美味可口啊！

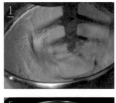

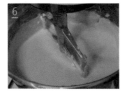

榛果蛋糕

食材 4人份

蛋 3 個、糖 75 克、星巴克榛果糖漿 15 克 、低筋麵粉 110 克、無鋁泡打粉 2 克、杏仁粉 50 克、融化奶油 140 克、南瓜子 適量

TIPS

1 糖漿也可以用楓糖漿或是蜂蜜代替，或改用 90 克的糖。
2 杏仁粉不是泡杏仁茶的杏仁粉喔！是用杏仁磨碎的粉末，食品材料行有賣。

作法

1. 烤箱 180 度預熱，將奶油與南瓜子放入烘烤，時間設定五分鐘，烤至奶油融化即可。
2. 烤模塗上奶油後放入冰箱冷藏約半小時。
3. 蛋加糖、糖漿攪拌均勻，
4. 濾網過篩低筋麵粉與泡打粉加入後拌勻。
5. 加入杏仁粉和融化的奶油拌勻。
6. 先將南瓜子適量舖在烤模上。
7. 將麵糊倒入烤模約至八分滿，放入烤箱 180 度烤 15~18 分鐘。可用竹籤測試熟度，竹籤插入蛋糕後拔出，沒有麵糊沾在竹籤上就可以囉！
8. 烤好的蛋糕背面，就會隆起一個可愛的小山丘。
9. 另外也做成貓爪及馬德蓮模烤。

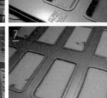
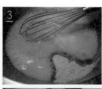

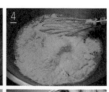

棉花糖餅乾

食材 10 個

低筋麵粉 200 克、杏仁粉 250 克、蛋 1.5 個、糖 60 克、室溫奶油 105 克、特級白巧克力 50 克、迷你棉花糖適量

作法

1. 奶油切塊，加入糖用攪拌器打勻。沒有攪拌器可以將奶油壓泥後用打蛋器打勻。
2. 一次加入一個蛋，打勻後再加第二個。
3. 加入杏仁粉與低筋麵粉拌勻。
4. 白巧克力隔水加熱融化。
5. 將步驟 3 麵糊取約 25 公克大小一個，搓圓壓平。烤箱 170 度預熱 10 分鐘，約烤 18~20 分。
6. 烤好後將表面塗滿步驟 4 巧克力。
7. 撒上迷你棉花糖，等巧克力凝固後，就完成囉！
8. 還可以做成甜甜圈形狀，也很可愛。

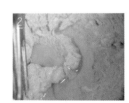

養樂多奶酪

食材 10份

養樂多 300c.c.、鮮奶 700c.c.、吉利丁片 7 片、棉花糖適量

作法

1. 吉利丁片剪成小塊，泡入 100c.c. 冰水中軟化。
2. 鮮奶放入鍋中加熱。
3. 小滾後就可以關火，然後將吉利丁片中的水分稍微擠乾後，放入鮮奶中，快速攪拌一下，吉利丁就會融化了。
4. 等鮮奶降溫後，再倒入養樂多攪拌均勻 (養樂多跟鮮奶的比例可以自由調配)。
5. 將養樂多鮮奶倒入容器內，放入冰箱冷藏 2 ～ 3 小時後就會凝固。
6. 最後放上一根香蕉棉花糖，就大功告成囉。

番茄肉捲

食材 6串

小番茄 24 個、五花肉片 24 片、白芝麻適量

作法

1.　一片肉捲起一個小番茄。
2.　用竹籤穿過番茄肉捲，一串四個。
3.　放入氣炸鍋 160 度 10 分鐘，也可以用烤箱烤或用烤肉架烤喔。
4.　烤好後撒上白芝麻，一口咬下，酸甜的番茄味道馬上充滿口中。除了撒白芝麻，黑胡椒跟七味粉也很搭喔！

焗烤蘑菇鮭魚

食材 4人份

洋蔥切絲 半顆 、鮭魚肚 2 條、蘑菇 10 個、鮮奶 200c.c.、鹽 適量、九層塔 適量
披薩起司 適量、橄欖油 2 大匙、蒜末（2 個大蒜量）

作法

1. 熱鍋放橄欖油，爆香蒜末與洋蔥絲。
2. 蘑菇切成四塊，加入鍋內拌炒一下。
3. 鮭魚肚切塊，入鍋一起炒。
4. 加入牛奶與九層塔。
5. 調味後加入披薩起司後關火。
6. 倒入器皿中，上頭鋪上一些披薩起司，烤箱 180 度烤 20 分即可。
7. 焗烤的過程中飄出濃郁的奶香與蒜香，熱熱的吃最好吃喔！

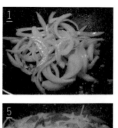
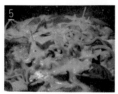

日式舒芙雷鬆餅

食材 5個

蛋黃 1 顆、蛋白 1 顆、低筋麵粉 15g、牛奶 15cc、鹽 1g、砂糖 25g、泡打粉 1g、
水 適量、橄欖油 少許、糖粉 少許

作法

1.　將蛋黃與牛奶混和後，加入過篩的低筋麵粉、泡打粉及鹽攪拌均勻。
2.　打發蛋白，砂糖分次加入打到硬性發泡。將打發的蛋白分三次輕輕加入作法1蛋黃霜均勻混合。
3.　平底鍋放入橄欖油，放入麵糊，再放入約 2 大匙的水，蓋上鍋蓋小火煎，約 5 分鐘即可翻面，
　　另一面相同的加入 2 大匙的水續煎 5 分鐘，撒上一點糖粉即可上桌。

杏仁瓦片

食材 10 個

低筋麵粉 50g、蛋 1 顆、二砂 50g、海鹽 1/8 匙、牛奶 1 大匙、融化奶油 40g、杏仁片 60g

作法

1. 烤箱預熱至 160 度,並將粉類過篩。
2. 蛋、二砂、海鹽、牛奶、低筋麵粉及杏仁片混和均勻。
3. 將融化奶油加入作法 2。
4. 將麵糊放入烤盤中,並將麵糊抹平。
5. 放入 160 度的烤箱烤約 15 分鐘至金黃色,即可取出放至冷卻。

鮮蝦蒸蛋

食材 2人份

雞蛋 4 顆、柴魚高湯 約 420cc、蝦子 4~5 隻

作法

1. 雞蛋打入容器中,加入柴魚高湯,建議蛋液與柴魚高湯比例為 1:1.5 (蛋液 1、水 1.5)。
2. 將蛋液過濾後放入大碗中,過濾到氣泡越少,完成的口感或是賣相較好。
3. 電鍋外鍋加兩杯水,放入蛋液,並留約一筷子粗的縫隙,蒸約 13~15 分鐘,放入蝦子再續蒸兩分鐘即可。

涼拌杏飽菇

食材 2~4 人份

杏飽菇 約 5 條、柴魚高湯 1 碗、昆布醬油 2 大匙、烏醋 1 大匙、香油 少許、
九層塔（或香菜）視口味適量調整

作法

1. 將杏飽菇滾刀切塊。
2. 將切好的杏飽菇加入高湯放入電鍋蒸，外鍋放一杯水，跳起後將高湯瀝乾備用。
3. 將瀝乾的杏飽菇加入昆布醬油、烏醋、香油，最後再加少許香菜拌勻即可上桌享用。

酥炸金針菇

食材 2~4 人份

金針菇 1 包、蛋 1 顆、低筋麵粉 適量

作法

1. 將金針菇平均的分成幾小撮，並均勻的裹上蛋液。
2. 將裹上蛋液的金針菇，入鍋前薄薄的上一層低筋麵粉。再入油鍋炸約 2 分鐘即可起鍋瀝油。
3. 撒上黑胡椒或是七味粉，喜歡重口味的大人可以撒上大蒜末，或淋上鰹魚醬油都是不錯的選擇。

歡歡仙子Q&A

請問料理部落客的日常生活都怎麼過的呢？

其實跟其他人沒有什麼不一樣。若硬要說和他人有什麼不同處，那就是每當採購完食材後，就想著要如何做出更有創意、更美味的料理？然後，就想著如何在部落格上發文、放什麼照片，這些就是我的日常生活。現在這些事都已駕輕就熟了，但剛開始經營部落格的時候，常常煮好的菜都涼掉了，也沒能拍到一張令自己滿意的照片，常常弄得家人不能正常吃飯，或等很久才能開動。對於包容這一切的家人們，真的非常感激。

最初開始經營部落格的動機為何？

最初只是想為老公做某些事情，並記錄下「曾為老公做過的點點滴滴」，於是著手經營部落格。最初的目標是放上 100 道料理後，再給丈夫看。之後，希望他看到部落格上的料理菜色會要求我為他做一樣的料理，久而久之，就放上了 2000 多道料理。現在雖無法馬上為他做 2000 道料理，之後，想陸陸續續慢慢地為他做。

本書兒童料理靈感是從哪裡獲得的？

每當使用一種食材時，就會想著要怎麼烹調才會更好吃，吃得更健康。想活用煎、煮、炒、炸等各種烹調法，製作出符合兒童口味的點心。常想著如何不使用特殊食材，只使用可以在超市裡買得到的各種食材，製作出有益兒童健康的點心，於是出版了這本兒童點心食譜。

最喜歡的食材是什麼？

最喜歡可從周遭輕易購買到的食材。若教導他人用難找到的食材做料理，內心會感到很抱歉。雖然肉是很好的食材，但是個人認為含有豐富營養素、易採購到的食材，才是最佳食材。

最想推薦給料理菜鳥們使用的食材為何？

豆腐和雞蛋，它們是最容易活用在各種料理上的食材。豆腐，就很適用於各種烹調法，雞蛋也一樣，只要仔細想想，好好活用，就可製作出新料理。

您的家人最喜歡的點心是什麼？

最喜歡利用墨西哥薄餅製作出來的披薩或核桃派。但外出旅行、長途搭車時，如果孩子肚子餓了怎麼辦？我會挑選「天然、無添加」的點心外出時攜帶，建議選擇純天然的水果條，因為體積小且方便攜帶，市售的 Annies 水果條，是由紐西蘭優質水果烘乾製成，保證不含香料與色素、人工添加物，可以讓孩子吃得營養又健康！

► Annies 純天然水果條，除了水果什麼都沒有，方便攜帶又營養，還有多種口味可以選擇。

寫部落格的理由？

最初只是為了個人的私生活才開始經營的，現在則是帶著和他人一起分享料理資訊的心情。不希望網友在逛我的部落格時沒有收獲，所以平時會努力發文和放上美味的料理照片。現在在部落格發文就是我個人日常生活的一部分，如果不做的話，心裡反而會覺得怪怪的。

如何成為優秀的部落客？

要找到個人可長期經營的主題，且具有特色並與眾不同的主題。先找到主題後，再用心發文，就可成為優秀的部落客。料理也許是任何一個人都可做的主題，如果你持續經營好幾年後，自然而然就會吸引很多人來關注。

減醣烘焙：營養師教你做！
蛋糕、奶酪、餅乾、麵包、中西式早餐，
美味不發胖

吃甜食＝容易發胖嗎？

其實選對食材，

就能自製健康美味的營養點心！

跟著營養師這樣做！減醣烘焙 3 步驟

❶ 用「全穀食物」取代精緻麵粉

❷ 用「天然甜味劑」取代一般砂糖

❸ 用「植物油及堅果」取代動物油

熱量低、營養價值高，美味與健康更加倍！

作者：林俐岑
定價：380 元

高營養 + 低熱量 + 飽足感，55 道健康烘焙自己做！

善用減醣美味法則，烘焙甜點不再是高糖高油的代名詞！

麵包蛋糕、奶酪餅乾、饅頭飯糰、年節糕點，都能吃得健康又美味！

本書獻給：

❶ 想控制體重或有血糖問題的人，吃甜食也能吃得毫無罪惡感！

❷ 想讓挑食小孩吃進營養的父母，將蔬菜不知不覺融入烘焙裡！

❸ 想學習健康烘焙的新手或老手，用簡單步驟學到美味與創意！

Orange Taste 17

千萬粉絲都想學!
歡歡馬麻教你做小孩最愛的50道點心料理
作者：郭仁阿（歡歡仙子）

出版發行

橙實文化有限公司 CHENG SHI Publishing Co., Ltd
粉絲團 https://www.facebook.com/OrangeStylish/
客服專線（03）381-1618

作　　者	郭仁阿	
翻　　譯	譚妮如	
總 編 輯	于筱芬	CAROL YU, Editor-in-Chief
副總編輯	謝穎昇	EASON HSIEH, Deputy Editor-in-Chief
行銷主任	陳佳惠	IRIS CHEN, Marketing Manager
美術編輯	亞樂設計	
製版／印刷／裝訂	皇甫彩藝印刷股份有限公司	

編輯中心

ADD／桃園市大園區領航北路四段382-5號2樓
2F., No.382-5, Sec. 4, Linghang N. Rd., Dayuan Dist., Taoyuan City 337,
Taiwan (R.O.C.)
TEL／（886）3-381-1618　FAX／（886）3-381-1620
MAIL: orangestylish@gmail.com
粉絲團https://www.facebook.com/OrangeStylish/

經銷商

聯合發行股份有限公司
ADD／新北市新店區寶橋路235巷弄6弄6號2樓
TEL／（886）2-2917-8022　FAX／（886）2-2915-8614
初版日期 2020年5月